U0380958

非笼养鸡蛋
生产倡议

力矩中国

黄牧慈 著

中国农业出版社

北　京

序

自从2007年3月我加入中国畜牧业协会禽业分会以来，十五年里与蛋鸡、鸡蛋结下了深厚的缘分。我有幸能与行业内的专家、前辈与同仁们一起，为了实现让每一位中国人拥有充足、优质且经济的动物蛋白质这一目标，不忘初心，砥砺前行，十几年如一日，奋斗在路上。

纵观我国鸡蛋产业，40年来逐步向规模化、集约化、智能化、品牌化、绿色化发展，21世纪以来基本解决了供给问题。鸡蛋产业在满足数量的基础上，正在走向高质量发展。许多业内同仁一直在思考如何在竞争中寻求差异化，走出属于自己的发展之路。

新冠肺炎疫情发生之前，我去了欧洲、美洲、大洋洲、非洲，了解到全球范围内蛋鸡的养殖方式正在改变，正朝着多元化方向发展。比如，欧盟立法规定，2027年之后将全面禁止笼养蛋鸡，市面上只能销售非笼养蛋鸡所产的鸡蛋，这意味着原来的笼养鸡蛋将完全退出欧盟市场。

在国内市场，除了消费升级为鸡蛋产业所带来的转机之外，许多跨国食品企业也计划在2025年之前将鸡蛋供应链全面转型为非笼养产品，这更与我们的切身利益密切相关，值得行业同仁关注。

近年来，蛋鸡行业中无论是生产企业还是鸡蛋贸易商，都会通过各种科技手段来保障蛋品安全，我觉得，现在是70年来食品安全最好的时候。在此之上，我想再加一句：养殖方式的多元化发展，为消费者提供了更多的选择，也为我国蛋鸡产业加入全球市场提供了另一种可能。

　　转型从来不是容易的，但时间会证明改变是值得的。中国是全球鸡蛋生产、消费第一大国，我有信心，凭借每一位从业者的经验、智慧与信念，我们这一代蛋鸡人一定能为这个行业开创一个全新的里程碑。

　　祝福我们的行业，如日月经天、江河行地，在时代的更迭与挑战中屹立不倒，源远流长。

王忠强

北京市蛋品加工销售行业协会秘书长

2022 年 1 月 19 日　北京

目录

序

非笼养鸡蛋 1

打造规模化、高产量的非笼养系统 7

空气质量与通风控制 14

垫料质量管理 33

鸡只的行为管理与应对 39

育雏对非笼养蛋鸡养殖的重要性 53

非笼养鸡舍的光照控制 60

关注非笼养蛋鸡肠道健康 64

标准与认证 74

展望 76

非笼养鸡蛋

消费者在市面上购买的鸡蛋，或食品企业所使用的鸡蛋，主要来自两种养殖方式的蛋鸡——笼养与非笼养。

目前大部分的鸡蛋，是由笼养的蛋鸡所产下的。这些蛋鸡被饲养在封闭的笼子里，不能自由活动，进食、饮水、排泄、产蛋都在同一个空间。

相反的，非笼养鸡蛋（cage free eggs），顾名思义，就是由在非笼养环境下生活的蛋鸡所产下的蛋，非笼养有室内与室外两种形式。蛋鸡们可以自由地行走在采食区、产蛋区、休憩区、沙浴区之间，也可以筑巢、飞跳，令自然的天性得以舒展。

非笼养鸡蛋的趋势演变

"笼养"并非人类最早饲养蛋鸡的方式。现代蛋鸡的养殖，经历了后院散养、产业化前养殖、集约化养殖的发展历程。最初，人们在自家后院饲养蛋鸡，但是由于饲养环境、天敌等因素，产量甚低。后来通过基因改良、饲料与饮水的改善、自动化集蛋等，生产能力有所提高，但是仍旧以平养（室内非笼养）为主。

大约从1960年起，农场开始使用笼子饲养蛋鸡，以高度的机械化、标准化来生产鸡蛋；这种过度集约的养殖方式引发了动物福利团体的关注，并要求其改善。同时，越来越多消费者开始关注自己餐桌上的食物是否是来自安全、有机的环境。

鉴于此，欧盟委员会于1999年颁令，规定每只蛋鸡的最小生活空间，并正式宣布将用13年的时间，逐渐淘汰格子笼。欧盟同时立法规定，所有市面上销售的鸡蛋，必须明确标示来自哪一种饲养系统，以供消费者辨别、挑选。截至2019年，欧盟范围内已经有50%的鸡蛋来自非笼养殖的蛋鸡。

美国在过去15年以来，陆续有加利福尼亚、密歇根、华盛顿、马萨诸塞、俄勒冈、罗得岛、科罗拉多等地政府，立法禁止笼养鸡蛋在州内贩卖。目前美国约有33%的鸡蛋来自非笼养殖，从2014年的5%大幅成长至今。根据美国农业局的预计，到2026年，非笼养鸡蛋的占比将会达到64%。

截至目前，有三十多个国家已立法禁止使用传统的笼子饲养蛋鸡。例如，在新西兰以及澳大利亚的部分省份已经全部禁止笼养蛋鸡。韩国政府也有意全面禁止格子笼的使用，将该国的蛋鸡产业转型成为非笼养殖。印度最高法院向该国政府提出建议，应立法禁止格子笼养殖。

全球食品企业的非笼养承诺

2015年开始，非笼养鸡蛋引起全球关注。这一年，许多国际知名企业纷纷做出了"2025非笼养"的全球承诺。截至2021年底，在全球范围内已经有2000多家企业承诺将100%采购非笼养鸡蛋，其中在中国运营并具代表性的企业就超过80家，包含零售、餐饮、包装快消品、食品服务商、酒店等，都承诺在2025年（部分企业或在2027年和2030年）开始100%采购非笼养鸡蛋。这些企业有：

- **零售超市：**奥乐齐、开市客、City Super、城市超市、麦德龙。在中国香港运营并具有非笼养鸡蛋承诺的企业包含：玛莎百货、Tesco、Market Place、Cold Storage、Hero、Legardère
- **餐饮咖啡：**星巴克、赛百味、布里多、咖啡世家、Shake Shack汉堡、棒约翰、宜家、汉堡王、Tim Hortons咖啡、Popeyes、皮爷咖啡、唐恩都乐、美诺食品、江边城外。在中国香港运营并具有非笼养鸡蛋承诺的企业包含：Pret a Manger、Delifrance、Pizza Express、The Pizza、The Coffee Club、Basil、Benihana、Sanook Kitchen、Poulet、Swensens、Sizzler
- **包装快消品：**亿滋、联合利华、达能、百味来、雀巢、百事、卡夫、通用磨坊、金宝汤、家乐氏、费列罗、宾堡、麦肯、好时
- **食品服务商：**索迪斯、爱玛客、康帕斯、Elior、A-Star
- **酒店集团：**万豪、凯悦、温德姆、洲际、雅高、希尔顿、丽笙、精选国际、最佳西方、东方文华、朗廷、半岛、美诺、罗浮、千禧、德意志、凯宾斯基、地中海俱乐部、四季、华尔道夫、安缦、美利亚、挪威邮轮、嘉年华邮轮、皇家加勒比邮轮。在中国香港运营并具有非笼养鸡蛋承诺的企业包含：MRM Resorts International、Ovolo

35亿枚的商机

根据目前公开承诺在中国使用非笼养鸡蛋企业的用量，力矩中国估算出

未来5年间将增加至少17.5亿枚非笼养鸡蛋的市场需求。其中零售业的年需求增长约为2亿枚，餐饮业约为7.5亿枚，包装快消食品约为9000万枚，食品服务商约为1.2亿枚，酒店业为5.9亿枚。此数据并不包含已经采购非笼养鸡蛋但尚未公开承诺的企业。随着越来越多企业做出承诺，力矩中国预估，在未来几年内，非笼养鸡蛋的需求将增加35亿枚。

87%的消费者能接受高质量鸡蛋的溢价

除了企业采购需求之外，随着消费升级，市场上出现许多重视高质量蛋白质的消费者，也是蛋鸡企业不可忽视的商机。

2021年1月，食品创新专业媒体食研汇（FTA）与力矩中国面向中国一线城市的近一千名消费者进行了"非笼养鸡蛋认知度及消费意愿调查"。其中，有几项调查结果值得蛋鸡企业与食品企业关注：

- 87%的受访者表示他们由于安全与质量的原因，愿意多花点钱购买非笼养鸡蛋
- 60%的受访者认为企业应该全面使用非笼养鸡蛋
- 75%的受访者更愿意光顾全面使用非笼养鸡蛋的品牌，包含餐厅、快消品、酒店、超市等
- 受访者平均愿意多花10%～25%的价格在餐厅、超市里消费或购买非笼养鸡蛋
- 年轻族群对于非笼养鸡蛋的支持度是最高的。这也意味着，随着年轻族群的消费占比逐渐提升，终端消费者对于非笼养鸡蛋的兴趣将会逐步增加

政府鼓励与支持

近年来绿色消费、绿色采购等新型生态，受到政府积极的鼓励与支持，从而具有巨大的发展空间。"相较于欧美等国从动物福利的角度，出台禁止传统笼养的法律，现阶段中国则是以鼓励非笼养的方式，生产高质量的鸡蛋。"中国连锁经营协会副会长楚东说。中国连锁经营协会成立于1997年，截至2020年底，拥有会员1200余家，连锁店铺超过46万个。

农业部副部长于康震在2017年的全国演讲中提及，促进动物福利成为推动绿色农业发展的一项重要选择，成为保障食品安全和健康消费的一项重要措施，更是现代社会人文关怀的一种重要体现方式。

同时，各乡镇及县政府为促进农业升级，纷纷向区域内从事可持续发展养殖的企业提供支持。许多非笼养蛋鸡企业已经获得基建、生产设备、辅助设备、育种、银行贷款等各个方面的补助。

蛋鸡企业积极回应非笼养消费需求

许多国内大型蛋鸡企业，如湖北神丹、南通欧福、天成、德青源、福建光阳、北京百年栗园、大连韩伟、云南华曦等，都已经在供应非笼养鸡蛋。中国前20大的蛋鸡企业，已经有35%具有非笼养鸡蛋的产能并开始供货。

举例来说，欧福蛋业在2016年即兴建了欧盟标准的室内平养基地，以供应在中国做出承诺的客户；湖北神丹自2012年起开始建立非笼养农场，并预计未来需求将会扩大，也会陆续增建这类农场。天成集团则是由于某个大客户的需求而兴建非笼养农场，2022年初开始供货。快乐的蛋已经全线供应非笼养鸡蛋。偏关永奥也在山西政府的扶持下，启动了百万非笼养蛋鸡项目。

多层非笼养系统示意图（图片由大荷兰人授权使用）

打造规模化、高产量的非笼养系统

从传统笼养转型到非笼养的过程中，不论是在现有建筑内改建鸡舍，或新增非笼养的产能，蛋鸡企业在初期都需要选择适合企业本身、贴近市场趋势的生产系统。需要在中国采购非笼养鸡蛋的企业还在不断增加当中，面对这个巨大的需求，集约化、规模化的非笼养殖是较符合当前及未来B2B、B2C的消费方式。此外，就企业本身生产效率而言，选择一个能贴近母鸡（鸟类）在自然中状态的系统，让其充分展现天性，自然能够维持动物健康、降低人工和时间等运营成本。

综合了规模化、符合母鸡天性两大最主要的因素，许多行业专家将多层非笼养系统，也就是一般所称的立体散养系统，视为投资回报率最高的非笼养鸡蛋生产方式。

多层非笼养系统

多层非笼养系统之所以是较接近自然界状态的系统，因为这类垂直立体的系统就如同一棵树，模仿了鸟类的生活形态。她们喜欢在树底下刨抓、啄食、沙浴，然后飞跳到树枝上稍做活动，最后在更高的树顶上栖息，同时俯瞰四周以掌握环境的变化。

其实，这类系统在欧洲与美国已经行之有年。现代多层系统的源头可以追溯到1980年的瑞士，当时欧洲正开始发展非笼养鸡蛋的生产。早期的系统是单层平养或室外散养，尚未考虑到集约化，因此，鸡只密度低，无法创造太多的产量和利润。

到了20世纪90年代，欧洲国家如德国、荷兰开始尝试着增加每立方米的鸡只密度。发展至今，鸡蛋设备和养殖从业者已经开发出集成式的巢穴，而不是像以前那样简单地把巢挨着墙边摆放。同时，他们还把水线设计在巢穴之前，如此一来，只要母鸡在寻找水源时就会看到为她们准备的巢穴。经验显示，母鸡在这类系统中通常具有很高的产蛋率，地面蛋也会减少许多。

以顺应母鸡天性的设计降低管理成本

我们今天可以看到不同品牌的多层非笼养系统，但他们都是基于相同的"大树"原则，在这个原则之上，添加鼓励母鸡展现天性的材料和设备，基本的架构包含：

- 系统底层的垫料，提供展现觅食、沙浴、刨抓天性的机会；垫料厚度最好不要超过5厘米
- 有的系统会专门设计一层来放置产蛋箱，有些系统则是把每一层的末端设计成产蛋区
- 水线和料带均匀分布在每一层，粪带分布在料带下方
- 系统上层配备栖架，提供母鸡休息、睡觉和躲避攻击的区域
- 配置阶梯式的坡道，连接各个楼层，以方便母鸡能逐步移动到顶层

栖息或到垫料区，减少受伤

- 所有楼层以金属丝板分隔，以确保环境容易清洁，减少打扫鸡舍的劳动成本

多层系统的成功，很大程度归功于它顺应母鸡天性的设计。这类设计概念鼓励母鸡探索，使鸡群均匀分布在鸡舍内。同时，金属丝网和粪带等的使用，容易将环境和空气质量保持在卫生状态，从而把人力成本控制在一定的范围内。

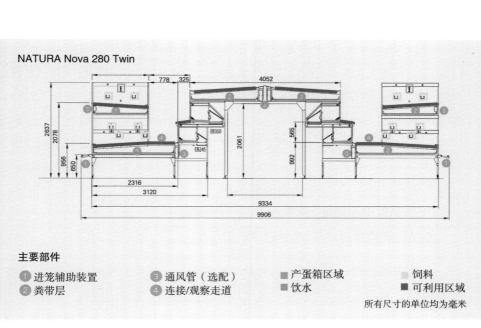

主要部件

1. 进笼辅助装置
2. 粪带层
3. 通风管（选配）
4. 连接/观察走道

- 产蛋箱区域
- 饮水
- 饲料
- 可利用区域

所有尺寸的单位均为毫米

多层非笼养系统剖面图（图片由大荷兰人授权使用）

高投资回报率

多层系统虽然一次性的成本较高，但生产效率高于单层平养和室外散养，维护成本也相对较低。长远来看，依然是比较划算的选择。

多层系统最大化地利用了三维立体空间，在同样大小的土地上，容纳了更多的蛋鸡。这是每个蛋鸡企业所乐见的，只要鸡舍不过度拥挤，就能保持相当程度的产能。

一个高产量、高报酬率的多层非笼养系统，通常具备以下这些条件。

育雏系统与产蛋系统必须互相匹配

基于多层非笼养系统的立体性与复杂性，最好让鸡只在雏鸡时期就学习如何在三维系统里移动，训练她们能顺利找到饲料、饮水和产蛋区；并从小开始熟悉周围环境，以确保她们在进入产蛋系统后能顺利地过渡，移动或飞跃时不会受伤，尤其能减少龙骨骨折的发生概率。经验显示，一只育雏时期训练有素的母鸡，进入产蛋系统后，若生活在适当密度的多层系统中，都能有良好的产蛋率，甚至可以减少购买鸡群的频率。

创造一个能展现母鸡天性的环境

母鸡应该有机会表达对她们有意义的行为。一个理想的多层系统会使用多样材料，从环境本身去鼓励母鸡展现觅食、沙浴、啄食、刨抓、栖息等天性，同时鼓励她们与同伴互动。

快乐的蛋位于海南白沙的非笼养基地（图片由快乐的蛋授权使用）

具有安全舒适的产蛋环境

母鸡产蛋时会偏好隐蔽、幽暗、远离鸡群的空间。可以提供筑巢的材料，或者让她们模仿筑窝的行为，这样母鸡便可以在无压力的状态下产蛋。

有足够的空间让母鸡生活与移动

虽然多层系统是为了集约化养殖而设计，但提供较充裕的活动空间，可以令母鸡缓解压力，进而保持更佳的健康状态。世界农场动物福利协会（Compassion in World Farming）根据实践经验与科学理论，提出以下的空间分配建议：

- 结构内（指系统内及地面）的空间分配最多是9只/平方米，最好是7只/平方米

快乐的蛋位于海南白沙的非笼养双层鸡舍，共计四栋，满产后可容纳30万羽蛋鸡。

- 地面面积内最多15只鸡/平方米
- 各层架之间的最小高度为50厘米
- 每排层架之间至少间隔2米
- 在层间、排间能方便移动（包括坡道、平台或阶梯式系统）
- 每只鸡的栖息空间至少为15厘米长，最好能达到22厘米
- 封闭式产蛋区，地面舒适柔软；最好是夜间会自动向上翘起的箱体，夜间不让母鸡进来从而能保持卫生
- 干燥易碎的垫料，可促进沙浴、啄食和觅食；理想情况下，为每只母鸡提供的垫料超过560平方厘米
- 每1000只母鸡有超过4种不同的啄食材料

多层非笼养系统是当代养殖系统中，兼具高产能与动物健康的系统。在后面的章节中，我们会继续探讨更多顺应鸡只天性的管理方法，以及如何借助环境控制更充分利用多层非笼养系统。

空气质量与通风控制

　　空气质量是影响鸡只健康与生产效率的重要因素，通风是调控鸡舍内环境的重要技术手段，目的是为了创造适合鸡只生产的环境条件。

　　鸡是一种新陈代谢比较旺盛的动物，母鸡呼吸的频率每分钟可以达到20～37次；鸡的换气量也很大，每千克体重每小时需要的氧气大约是740毫升、呼出的二氧化碳约710毫升，两项数字都高于牛、猪等农场动物。因此，鸡舍内需要有较大量的新鲜空气。

　　许多研究显示，空气质量比起其他因素，更能影响生产效率。良好的空气质量，是蛋鸡在其生命90周内表现出稳定和高产蛋能力的必要先决条件，在确保体重和羽毛都处在健康状态的前提下，可以表现出高于80%的产蛋效率。

　　在传统笼养的系统中，鸡只的密度是多层非笼养的2～3倍，如此的高密度造成鸡的身体温度过高，因此需要强度更高的通风系统。虽然非笼养系统的密度较低，但仍需避免室内温度过高，所以不代表可以减少通风。

　　在非笼养农场里，鸡只可以自由移动、做短距离的飞翔，也能表达她们的自然行为，如觅食、刨抓、沙浴等。因此，粉尘、颗粒物、氨气会随之增加。粉尘作为微生物和内毒素的载体，对农场管理员和鸡只来说，微细颗粒进入呼吸系统，会对健康造成风险；同时，氨气也会引起呼吸道刺激或损

优化空气导流的排气烟囱（图片由大荷兰人授权使用）

伤。另外，欧盟的福利养殖标准要求不能断喙，这使得环境中可能造成应激的因素必须减少。除了上述之外，还必须考量热压力、冷压力、气流压力等影响因素。

如此一来，蛋鸡企业必须从另一个角度，来看待非笼养鸡舍里的空气质量管理。

足够的空间与理想的通风设计

蛋鸡企业都希望在单栋建筑内可以极大化地养更多的蛋鸡。因此，确保舍内有足够的换气量以及有效的空气流动，就显得特别重要；这也同时影响了鸡舍的光线、垫料质量、鸡只行为等。

理想的空气流动空间

在室内多层非笼养系统中，德国畜牧设备公司大荷兰人中国业务总监刘文说，系统之间的列距、每层层架之间、系统顶部与吊顶之间，应保持适当的距离，才能确保通风的有效性与经济性。

均匀分配进气口

为了在非笼养空间里有效地分配新鲜空气，侧墙上方的进气口、吊顶进气口或烟囱，最好可以在整个鸡舍、鸡只活动的区域内均匀分布。这些新鲜空气会产生高速的喷射气流，与鸡舍内原本的空气快速混合，达到新鲜空气均匀分布的效果。新鲜空气的温度也会与室内的温度慢慢接近，同时去除湿气。因此，最好尽可能让这样的气流覆盖整个空间，如此一来，鸡只本身产生的热量也能被充分利用。

吊顶进气口

吊顶进气口或新鲜空气烟囱，是欧洲非笼养鸡舍中颇受欢迎的方案。多层系统中，鸡只通常聚集于鸡舍中间，而她们的刨抓区域则比较靠近两边墙壁，因此，热量通常就会集中在中间的区域。为了确保新鲜空气可以和室内空气充分混合，新鲜空气最好能从中间进来。

使用吊顶进气解决方案的建筑，中间的屋顶必须是对外的，同时，这类鸡舍往往采用平吊顶的形式。到了炎热的夏天，需要切换到隧道通风模式，这样平吊顶也有利于形成较快的风速。

避免太多气流产生

空气流通时，最好避免产生太多的气流，导致鸡舍内的温度剧烈变化。大荷兰人建议，侧墙进气口安装的地方，最好高于鸡只的最高栖息位。这样可以让新鲜的冷空气在多层系统和鸡只上方流动，母鸡也不会因为一些冷气流的进入，而被迫离开她们平常栖息或活动的区域。

些许的气流变化，可以帮助鸡只找到自己的舒适区，但过激的环境变化则会导致她们群挤在一处，增加相互攻击的行为，同时也会增加地面蛋的比例。

随着季节调整通风条件

通风的控制条件可以随着季节而调整。例如，夏天的时候，需要更大的换气量，以便除去多余的热气、让垫料及粪便保持干燥。到了冬天，换气量可以减小一些，但不至于减少太多，因为仍需要除去粉尘、二氧化碳和氨气，并带来新鲜的空气。要注意的是，鸡舍最好不要有外界气流进入，尤其在天气冷的时候。

一家澳大利亚的非笼养鸡舍使用循环风扇与喷洒水来控制空气质量

（图片由大荷兰人授权使用）

笼养与非笼养蛋鸡养殖经济效益比较

　　力矩中国调研了国内同时具备笼养与多层非笼养系统的蛋鸡企业，对两种养殖方式进行了成本与效益的分析，发现非笼养蛋鸡为企业带来的获利率高于在笼养环境中的蛋鸡。

　　虽然在非笼养的环境之下的蛋鸡成本稍高于笼养，但由于目前笼养蛋的价格仍低于非笼养蛋，因此，计算结果发现，非笼养蛋鸡所创造的利润大于笼养的蛋鸡。

　　此次的计算方式是以三个主要变动成本——设备成本、鸡舍人力成本、饲料成本作为分析的基础，而将租赁或购买成本、雏鸡成本、后勤与运营成本（不包含鸡舍人力成本）、运输成本、营销成本等都视为固定成本，因为这些成本不论是规模化的笼养或非笼养，在本质上都是相同的。此次调研的数据由蛋鸡企业匿名提供，其中显示的售价是以B2B大宗采购为前提。表格中"行业平均产蛋率""较具竞争力的售价"及"较高的售价"则是来自行业内部或网络公开信息。

　　在计算公式中，力矩中国将三个主要变动成本的总和分摊到每只蛋鸡上，计算出在笼养和非笼养的环境中每只蛋鸡每年的成本与产值，由此比较在两种养殖方式下蛋鸡的获利能力。

　　依照调研后的数据所示，相较于笼养鸡舍，多层非笼养在饲料与前期设备的投入较大，尤其以设备成本的占比最多，但到了后期，由于售价较高，非笼养蛋鸡的平均获利能力却很大程度高于笼养蛋鸡。

　　以较具竞争力的非笼养鸡蛋价格（0.65元/枚）计算，非笼养蛋鸡为养殖企业所带来的贡献，相较于笼养（以年平均产蛋率每只鸡300枚计算）的蛋鸡，获利率高出将近一倍，这样的价格带通常可以销售到包装快消品、一般酒店、连锁快餐、食品服务商等渠道，是较有市场潜力的定价；若是增加溢价空间而将售价提高至0.9元/枚，获率利将可高出3.77倍，类似或更高的价格，是高端餐饮、高购买力客群能接受的数字。

　　由于上述的获利优势，越来越多国内有能力投资更多产能的企业，会选择增加非笼养鸡蛋产能或转型生产这类的鸡蛋，其中，又以规模化的大量生产为市场主流。

　　力矩中国预估，随着蛋鸡企业在非笼养殖的专业知识与经验值的不断增加，非笼养的人力成本将会降低，蛋鸡的产蛋率则会提高。此外，力矩中国也推测，多层非笼养设备的成本也将随着销量增加、国产化而有所下降，目前也有数家国内厂商以较低廉的价格供应该生产设备。

	使用30年平均每年设备费用（元）	人工费用（元/年）	饲料总费用（元/年）	一年费用（设备+人工+饲料）（元）	鸡只数量（只）	每只鸡平均一年费用（元）	每只鸡一年产蛋量（枚）
笼养（以行业平均产蛋率计算；以售价0.5元计算）	80,000	1,152,000	72,960,000	74,192,000	600,000	124	300
非笼养（以较具竞争力的售价0.65元计算）	100,000	384,000	10496000	10,980,000	80,000	137	292
非笼养（以调研蛋鸡企业的平均售价0.8元计算）	100,000	384,000	10,496,000	10,980,000	80,000	137	292
非笼养（以较高的售价0.9元计算）	100,000	384,000	10,496,000	10,980,000	80,000	137	292

＊以上为B2B之售价。

由于养殖设备的一次性支出占了初期投资金额的很大一部分，畜牧设备商大荷兰人建议国内蛋鸡企业在采购规模化非笼养殖系统时，可以先从较基础的版本入手。因为，从欧盟实践非笼养殖20多年的经验看来，虽然基础版本的系统可能使得鸡舍管理成本较高，但其增高的比例依然低于设备的投资成本，管理成本也会随着时间和经验而减少。因此，长期看来，基础版本是比较划算的投资。

　　根据欧盟、北美、澳大利亚与新西兰等的经验，随着非笼养鸡蛋产能与市场份额的成长，非笼养蛋鸡的产蛋效率将会提高，而非笼养之于笼养的获利差距也会逐步扩大。

每年产蛋总量（枚）	每枚蛋成本（元）	每枚蛋平均售价（元）	每枚蛋获利（元）	每只鸡一年产值（元）	单鸡投资报酬率	蛋鸡获利（元）	非笼养鸡蛋获利增幅（相较于笼养鸡蛋）（以市场平均笼养产蛋率计算）
180,000,000	0.41	0.50	0.09	150	1.21	26	—
23,360,000	0.47	0.65	0.18	190	1.38	53	99%
23,360,000	0.47	0.80	0.33	234	1.70	96	266%
23,360,000	0.47	0.90	0.43	263	1.91	126	377%

保持非笼养鸡舍内气流均匀一致

　　蛋品加工领导品牌欧福蛋业韩太鑫副总裁说，空气流通有助于减少整个非笼养鸡舍的气温剧变，适度的气流变化，会帮助鸡只找到自己的舒适区。然而，农场最好避免突然进入的气流发生。这类的气流会导致鸡只因为应激而挤在一起，也可能增加她们的攻击行为，给农场带来不必要的损失。欧福在江苏南通有一座符合欧盟标准的非笼养蛋鸡基地。

低静压

要避免突然产生的气流，可以使用较低的静压。低静压的使用，除了可以为企业节约硬件摊提成本——增加设备寿命、提高风扇效率，减少水电的费用——更重要的是可以保持空气在鸡舍内均匀流动，包括让空气流动到地面，借以控制室内处于低氨的状态。鸡只在舒适的状态下，产蛋效率自然提高。

注意空气泄漏

在通风系统中，风扇从鸡舍内抽出废气，形成负压。这样的条件下，从进气口进入室内的新鲜空气，得以被控制。因此，为了保持这个条件，鸡舍的建筑物绝对不能有会产生泄漏的缝隙，尤其在冬天，否则，对于均匀的通风和温度，都会有不利的影响。

粪带、鸡蛋收集系统、在冬季没有使用的设备、窗户、门等，都可能是导致鸡舍内产生缝隙的地方。不能适度控制进气，不需要的空气往往会很快落到地面上，因为没有充分加热，降低了吸收水蒸气的能力，使室内的相对湿度增加，同时，露点也会升高，让垫料变得潮湿。

安装带有风扇的新鲜空气烟囱，可以以受控的方式将新鲜空气推入天花板下方的加热毯中。这样可以让鸡只本身的热量充分、均匀地被利用。在这样均压的环境中，即使有泄漏的地方，鸡舍也能正常运作。在安装排气风扇时，前25% ～ 40%的那些风扇最好能沿着鸡舍较长的那一边安装并完全覆盖。

非笼养鸡舍粉尘与颗粒物含量控制

如上所述，由于非笼养的鸡可以在鸡舍自由活动，因此室内会有较多粉尘与颗粒物。但现在研究人员已经开发了许多控制粉尘的办法，这些技术的成本和有效性各有千秋。例如，较高的排气烟囱可以稀释向外排放的粉尘、热交换器能有效减少颗粒物的排放、让电荷电离通过天花板上的金属丝线、或者在垫料上喷洒自来水、酸性水、大豆、菜籽油的复合液体等。下面介绍一些较常用的做法。

以喷雾剂控制垫料粉尘

喷雾剂的使用，就是将水或油直接喷洒到垫料上，以减少粉尘含量。同时，这类液体可以改变 pH，将氨气转化为铵。

爱荷华州立大学研发出在垫料上添加电解水，来控制粉尘。电解水利用氯化钠带电并溶于自来水的特性，在食品加工行业中已经使用多年。通过控制反应器中氯化钠的用量和电解时间，会产生不同浓度游离氯的微酸性水，当中的游离氯可抗菌，实现降尘效果，也能显著减少垫料中细菌以及氨气的产生。游离氯的抗菌作用大小取决于水雾化的时间长短。控制空气中降下的细菌传播，是使用电解水的一大特色，目前没有在其他的方法中看到。

电解水通过悬挂在垫料通道上方的喷嘴系统进行喷洒，喷洒量可随着垫料堆积的变化而调整。根据爱荷华州立大学的农场试验数据，以每平方米125毫升的喷雾量，喷洒在1厘米高度的垫料上，算出的成本，加上初始投资，每只鸡每年花费的金额从0.26～0.32元不等，结果可以减少50%的粉尘量。

在炎热的天气下，这类喷雾系统可以作为帮助鸡只降温的工具之一，因为从鸡只身上蒸发的水分，会带走她们产生的部分热量。当然，这样表示，如在冬天用同样的方法控制粉尘，鸡只也会流失一些热量，需要辅以适度的环境温度控制。

使用这类装置时，需注意避免过多水分造成潮湿，影响鸡只健康；同时，pH过低可能会腐蚀鸡舍内的设备。

田纳西大学（University of Tennessee）农业研究院院长辛宏伟教授的研究也显示，空气污染的缓解，以喷洒电解水的成本效益较高，每只鸡每年0.65元的成本可以减少50%的粉尘。

此外，辛教授也介绍了以下几种非笼养鸡舍中废气减排的技术和装置。

静电集尘

辛教授同时介绍了两种以静电原理除尘的设备——静电空气电离器、静电空间电荷系统与静电除尘器。这两种都是通过将粉尘颗粒吸引到设备表面，来控制空气的质量。使用这类设备，可以减少排放并改善鸡只和鸡舍管理员的呼吸质量。辛教授指出，这类设备可以将非笼养鸡舍的废气减少45% ～ 50%。

干式过滤器

就像家用HVAC（供暖及空气调节）的空调系统，当空气通过过滤器时，可以有效过滤房屋内的空气。研究表明，干式过滤器约能降低非笼养鸡舍中40%的粉尘水平。

荷兰瓦赫宁根大学（Wageningen University）的另一项环境控制的研究显示，利用来自鸡舍内的热废气，通过位于鸡舍旁边的粪便烘干隧道，可以迫使颗粒物在空气通过粪带时被过滤清除。

生物帘

这是一种成本较低的设备，把帆布放置在排气扇上，用以捕捉粉尘及其他排放物，也可以与静电系统一起使用。研究显示，可以减少非笼养鸡舍中约40%的粉尘排放和10%的氨气排放。

植物缓冲

企业可以在鸡舍周围种植灌木或灌木类的植物。植被可以缓解粉尘和氨气的排放，成本也较低。当然，这无法解决气味的问题。

溶液洗涤器

这类洗涤器作用是在废气从鸡舍排放出去之前，将其进行清洁。通过将废气以溶液进行清洁，单阶洗涤器可以减少约40%的粉尘和80%的氨气；三阶洗涤器，顾名思义，就是以三个阶段去除粉尘、异味、氨气，可以降低70%的粉尘和95%的氨，效果极好，价格也比较昂贵，适合有补贴的企业使用。

垫料上的氨气控制

非笼养的蛋鸡农场绝大多数配备垫料，目的在于防止鸡只的胸部和坚硬的地面接触而发生囊肿，同时垫料可以吸收水分、分解气体、保持温度、提供鸡只觅食、沙浴、抓挠的空间。

大多数的室内非笼养系统都配备有粪带。与笼养不同的是，由于鸡只可以自由活动，部分的粪便会排泄在垫料上，因此农场需要更注意垫料氨气的控制。除此之外，在室内氨气的控制上，笼养和非笼养鸡舍的操作大同小异。

目前中国规模最大的非笼养农场之一、山西平遥伟海生态农业的李中伟总经理说，只要温度、湿度、通风控制得宜，垫料勤翻动和更换，自然不会有氨气过高的问题。该公司在平遥的基地，规模正在扩大当中。

全球食品伙伴（Global Food Partners）的Kate Hartcher博士建议，鸡舍内的氨气浓度最好保持在15毫克／千克以下。正常情况下，氨气浓度是否过高，可以通过闻嗅来发现，若需要更精准的测量，可以安装一个传感器，随时监测空气中氨的含量。

非笼养鸡舍的湿度控制

湿度是控制空气质量的重要条件。鸡舍内的空气太潮湿，会让垫料产生氨气，影响健康。另外，空气与鸡舍内设备表面之间的温差，也会导致湿气的产生。另一方面来说，整体的空气若是太干燥，会导致过多的粉尘，尤其是来自垫料的粉尘。因此，大荷兰人建议在非笼养鸡舍中相对湿度最好控制在40%以上。田纳西大学农业研究院院长辛宏伟博士的研究指出，垫料的水分含量维持在20% ～ 30%，是控制氨气含量的理想数值。

此外，鸡舍里铺设的垫料空间越多，垫料就越能保持干燥，通风系统的功能越能发挥作用。大荷兰人解释，如果垫料所占的空间能超过30%，就能确保系统之间有足够的空间让空气流通，如此一来，新增加的垫料就有更多干燥的机会。

使用垫料改良剂

垫料改良剂与上述的电解水一起使用，可以降低垫料的pH。如此可以将氨转化为铵，减少氨气的释放。

目前市面上有多种类型的垫料改良剂。一种是生物添加剂，一种是化学添加剂。化学类的包括硫酸铝、硫酸铁、硫酸氢钠。天然的产品包括沸石、石膏以及硅藻土和钙膨润土的组合产品，已获批准用于有机生产，有时也可加入柠檬酸一起使用。

垫料厚度

垫料的质量越好，鸡只越喜欢在上面展现刨抓、沙浴、觅食等天然行为，这样很可能会产生较多粉尘。另一方面来说，粪便缺乏妥善管理，空气中的氨气含量则会升高。因此，大荷兰人建议的做法是，在非笼养系统底下安装刮板，经常性的刮除、平整垫料，让垫料的厚度不至于太深，借以控制氨气含量。

荷兰瓦赫宁根大学（Wageningen University）牲畜与环境研究员Dr. Albert Winkel的研究显示，保持在1英寸（约2.54厘米）左右的垫料深度可将颗粒物和氨减少25%。事实证明，往上再增加1英寸的垫料，氨气和灰尘也会增加25%。更深的垫料还会鼓励鸟类在上面筑巢和产卵，从而增加了人工捡蛋的成本。大荷兰人则建议，非笼养鸡舍的垫料保持在0.5到2英寸（约1.25厘米到5厘米）之间是较可行的厚度（最好不超过2英寸），可以设置刮板定期刮除多余的垫料，以保持质量、厚度都在最佳水平。企业可根据自身的情况而调整垫料厚度。

非笼养系统底下的垫料刮板

通过饲料配方来减少氨气的产生

非笼养的蛋鸡因为活动量大，免疫力相对较强，肠道对于饲料的吸收能力也比较高，排放的氨气自然减少。在这里我们还是提供几个方法，让蛋鸡企业除了通过垫料管理来减少氨气含量之外，也可以在饲料中调整配方，来降低鸡只排放的氨气量。

减低饲料中的蛋白含量

氨气的产生，多数是因为饲料消化不够充分，导致排泄物里的蛋白增加，经过发酵的过程，就会形成氨气。辛宏伟博士在一次演讲中指出，通过减低饲料中1%的蛋白质含量，可以减少10%的氨气排放。

增加饲料中的膳食纤维含量

另外，膳食纤维如大豆壳、小麦粉等，可以增加肠胃蠕动并降低pH，亦意味着粪便中活跃的氨气会变少。

在饲料中添加补充剂

在饲料中添加微生态制剂和酶制剂，如草芽孢杆菌、乳酸杆菌、双歧杆菌、丁酸梭菌或者木聚糖酶、蛋白酶等，可以改善肠道对饲料的吸收、转化，达到减少粪便中蛋白含量的效果，从而降低氨气的产生。

非笼养鸡舍内的温度控制

蛋鸡是敏感的小动物，空气的流动变快、通风的程度增加，都会让她们流失热量，这种情况叫风寒（Wind Chill）。因此，在考虑湿度、风速的同时，精准的温度控制显得相对重要。这三者加起来，会影响鸡只对于温度的感受，这叫体感温度（Apparent Temperature）。蛋鸡企业需要能够同时测量这三者并计算体感温度的设备，以确保鸡只健康，利于鸡舍管理。

在鸡舍内装设传感器

理想的温度不仅因鸡只的体重和羽毛而异，而且在很大程度上取决于相对湿度——鸡舍内的空气越干燥，动物通过呼吸散发的热量就越多，鸡舍内的温度也就越高。相反的，鸡舍内的空气越潮湿，鸡只通过呼吸散发的热量就越少，温度应该越低。因此，除了温度传感器之外，要精确地掌握并控制温度，农场可以安装一个测量相对湿度的传感器。

通过控制气流来调整鸡舍温度

尤其是在炎热的夏天，温度过高会对鸡只构成热应激的风险，因此需要更大（更重）的气流来除去多余的热气，降低粉尘浓度，同时让垫料保持干燥。

到了冬天，气流可以减少一些，但不至于减少太多，因为此时需要较高的换气率，来降低二氧化碳的浓度。建议的二氧化碳浓度应该低于2000毫克/千克。若是要把标准降至3000毫克/千克，则最小通风量必须达到每小时每层1.00立方米以上。

偏关永奥目前存栏16万只非笼养蛋鸡，图为山西百万非笼养蛋鸡项目的发起人
（图片由偏关永奥生态农业授权使用）

当天气寒冷时，鸡舍内的温度可以低于20℃，但应该一直保持在12℃以上，这样对羽毛生长良好的鸡比较合适，也不会降低产蛋效能，只要鸡只摄取足够的饲料来平衡身体所需热量就可以了。位于寒带地区的鸡舍，可以考虑添购取暖器。要注意的是，鸡舍最好不要有外界气流进入，尤其是在天气冷的时候。

整体而言，只要鸡舍的环境对人类管理员来说是舒服的，那么，鸡只也会感到舒服。

垫料质量管理

垫料是铺在地面的材料，经常用于非笼养蛋鸡农场。常用的垫料有切短的稻草、木屑、稻壳、刨花、沙子和碾碎的玉米芯等。垫料在非笼养农场中发挥着重要的作用，直接影响生产效率。垫料的功能主要包括：

- 防止鸡只的胸部和坚硬的地面接触而发生囊肿
- 吸收水分、维持粪便干燥
- 吸附并缓和鸡粪分解出的气体
- 在冬季保持室内温度
- 保持鸡只身体整洁
- 鸡只可以在垫料上觅食、沙浴（有助于保持最佳羽毛状态，提高鸡只调节体温的能力）、抓挠，增加了运动量，啄癖的行为相对减少

在室内非笼养的农场中，不论是平养或多层饲养，由于鸡只可以自由移动、展现天性，甚至短暂地飞翔，因此空气中的灰尘和颗粒物含量普遍较笼养的农场高，企业需要多留意空气的质量。而垫料上产生的氨气、垫料的湿度、厚度等，在空气质量的控制上，占有重要的位置，同时也严重影响鸡只和管理员的健康，以及农场的生产效率。

快乐的蛋创始人王炜晟说，优质的垫料可以让鸡只在不产蛋的时候，有活动的空间，并吸引她们多多在鸡舍里移动，增加了鸡舍的空间利用率。质量不佳的垫料则会给鸡只带来氨盲症、肠道疾病等。

让我们一起看看如何在各方面把控好垫料的质量，养出健康的鸡，产出健康的蛋。

加强环境通风

蛋鸡企业都希望可以极大化地养更多的蛋鸡。其实，有足够的空间让空气流动，能使得光线、垫料质量、鸡只行为等得到改善。大荷兰人建议，在非笼养环境的室内多层系统中，理想的空气流通空间是这样的：天花板与最上层的系统，保持大约61厘米的距离；每个层架之间的距离，大约控制在50厘米，通道则是100厘米宽为最佳。

上一章提到，通风的控制条件可随季节调整，例如夏天需要更大（更重）的气流，冬天则可以减小一些。同时要避免突然的气流产生，例如，冷空气下降后也会造成垫料过度潮湿。

在多雨的天气，舍内要保持空气清新，更应加强通风。通过排气扇，将鸡舍内的饱和水汽及时排出，避免堆积在垫料或其他硬件设备上。

垫料的厚度把控

农场可以依据鸡只密度、空间温度、垫料湿度等因素，适时适度地调整垫料厚度。快乐的蛋创始人王炜晟说，把控的原则是，垫料的厚度最好要够深，让鸡只愿意在上面活动、刨抓；同时又不能太深，导致鸡只在垫料上产下鸡蛋。夏天的垫料厚度可以减少，冬天则应加厚。垫料的建议厚度，可参考上一章。

刮板系统铲减垫料

用来移除多余垫料的刮板有两个功能：一是清除不必要或已经污染的垫料，尽量减少氨气和灰尘。其次是减少地面蛋的发生。这在欧洲过去十几年的非笼养经验中已被证明有效。

在多层系统中，刮板通常摆放在系统下方，横跨在中间廊道的位置。农场可以同时设置多个刮板，下一个刮板可以将前一个刮板刮除的垫料，接力往下刮除，直到这些多余的垫料被送到废物传送带上，排出鸡舍。

保持垫料的适当厚度可以减少粉尘及氨气的产生，同时避免地面蛋

（图片由快乐的蛋授权使用）

为了防止鸡只在地面上产蛋，建议在清晨产蛋期间来回运行刮刀。当然，最终还是要根据农场实际的清洁情况来设定刮板运行的频率。

维持垫料的合适湿度

水分是垫料质量的重要指标之一，管理人员应尽量防止垫料和粪便或空气中的水分结合，导致湿度过高。太潮湿的垫料，会产生过多的氨气；相反的，过度干燥的垫料，将会导致灰尘和颗粒物到处飞扬。两者都会影响鸡只和管理员的健康。

选择松软及吸水性佳的材料

要控制湿度，首先在选择垫料的时候，可以因地制宜，就地取材，以松散、舒软、透气性佳、吸水性强为原则。在决定垫料之前需要了解各种材料的特点。

常用的垫料材料包括刨花、稻草、麦秸、锯末、沙子，各有不同的优缺点，建议混合使用。

- **刨花**：优点是吸水性和降解性很高；缺点是容易受到农药、霉菌污染，也较易形成氯胺，造成垫料腐坏。刨花的数量不多，价格比较贵，一般很少拿来作垫料使用。
- **稻草及麦秸**：两者都需要切割后使用。优点是材质松软且吸水性佳。缺点是容易受到污染，影响鸡只健康；其降解速度较刨花慢，而且容易发酵生热，因此，可以与刨花各一半，混合使用。
- **稻壳**：优点是材质松散易用，易于铺垫、翻动，鸡只出栏后容易清洁，得到农场的普遍使用。缺点是吸水性较差，同样也容易受到污染，被鸡只吞食则会影响健康，建议最好与其他垫料混合使用。

- **锯末：**能被消化吸收，缺点是灰尘较高，不易单独使用。
- **沙子：**沙子通常在气候干旱地区的水泥地上面使用，鸡只做了沙浴可以保持身体清洁，同时可以保温。在鸡舍中垫沙，注意新沙厚度不宜过高，以免影响鸡的行动。

保持垫料干燥

垫料由于水分、鸡只粪便的加入，容易产生氨气、湿气。之前曾提到，经常翻动和更换垫料可避免氨气过高，而这亦是保持垫料干燥的基本功。垫料所占的空间应超过30%，以确保有足够的空间让空气流通。

粪带最好直接置于栖架下方，这样鸡只的粪便就不会直接落到地面上。另外，如果系统之间的空间不够，粪便堆积起来的密度会过高，加上鸡只的密度高，通风不易到达，导致粪便不易干燥。

农场可以根据气候的变化来调节垫料的湿度。气候较干燥时，可以在鸡舍内适度喷水，以提高垫料湿度（或者使用电解水），以翻动时不起灰尘为宜。气候潮湿时，在每天熄灯、鸡只位于系统架上后翻动垫料，让空气流动，再把下层垫料翻到上层晾干。若是产蛋期间恰好是潮湿的气候，则最好在鸡只进食结束后再翻动垫料，避免鸡只应激反应。

多雨天气里，除了要及时清理粪便，也要做好消毒工作。由于喷雾消毒会增加鸡舍内的湿度，并不建议采用。一般的生态做法是，向地面撒草木灰，或用生石灰洒在地面，上面再垫上干净的垫草。

在每次进鸡之前，将鸡舍净化后铺上新的垫料。产蛋后期，可根据天气情况进行更换。更换时需避开免疫期。

判断湿度标准

田纳西大学农业研究院院长辛宏伟博士的研究指出，垫料的水分含量维持在20%～30%，是理想的湿度数值。当湿度低于20%，容易有灰尘扬起；而湿度高于30%，垫料则容易结块、发霉。发霉的垫料会降低鸡只的抵抗力，影响免疫效果，或者引发霉菌性肺炎。因此，对已经潮湿或结块的垫料，必须全部更换，并将新垫料铺至原来的厚度。

鸡舍内部整体的湿度，也会影响垫料产生氨气。对此大荷兰人建议，在非笼养鸡舍空间内的相对湿度最好控制在40%以上。

鸡只的行为管理与应对

　　鸡是鲜活的生命体，有一定的思想、智慧，也有必须被满足的天性。因此，当蛋鸡企业逐渐向非笼养系统靠拢，把5万、10万甚至更多的鸡只饲养在谷仓里时，人类和鸡只的关系将变得更加密切；多了解她们的行为、顺应鸡只的天性需求并做出回应，将会为企业带来更多利润。

　　英国广播公司BBC曾经报道过，鸡这种鸟类动物比人类想象中的更聪明。报道中就指出几项由英国和澳大利亚科学家对鸡只的实验与观察：

- 从小就对数字任务有很强的把握，会执行基本的加减法，使用几何
- 表现出一定程度的自我意识、自我控制
- 对环境的敏感度是鸟类中数一数二得高
- 学习能力快
- 可以辨识超过一百张以上的脸
- 能记住人、地方和东西
- 会提前预测、计划，以便获得更多食物
- 公鸡会通过跳舞来吸引异性
- 会通过马基雅维利手段操纵同侪

鸡的喜好和经常展现的天性：

- 鸡喜欢社交，喜欢花时间和同伴相处；鸡的社会也有阶级之分

- 用沙子清洁身体，让自己的羽毛保持在良好状态；沙浴同时有提神的功能
- 伸展翅膀，奔跑并飞翔
- 鸡是群居动物，会一起防御、攻击敌人
- 通过觅食、啄食、刨抓来观察、探索生活环境
- 如同鸟类喜欢在树上栖息，鸡也需要在高处安静的地方休息，同时保护自己
- 在安静、隐蔽的地方产蛋
- 鸡是一种对环境变化相当敏感的生物，噪音、强光、贼风、陌生人等，都会导致应激行为

过渡到非笼养殖的挑战，在于如何处理鸡只在社群中所展现的负面行为，以维持企业的生产效率。在非笼养农场中，常见的负面行为包括啄羽、扎堆等，多与环境中产生的压力有关。快乐的蛋创始人王炜晟建议，管理人员可以多了解鸡的本性、多花一点时间与鸡群相处，梳理出导致负面行为的原因并对环境进行调整，就能获得健康而高产的鸡群。

啄羽

啄羽是最常见的鸡只攻击行为。鸡和火鸡、鹌鹑、雉鸡等，在生物分类学上属于鸟纲中的同一目：鸡形目。挪威动物学家Thorleif Schjelderup-Ebbe 在20世纪初期，发现鸡形目的走禽都具有一个共通的社会现象，那就是啄序（pecking order）。啄序高的鸡社会地位较高、健康情况较佳，会以啄羽、啄肛的方式，企图淘汰啄序较低的同伴，也就是较不健康的鸡。

鸡还有另一种习性，也就是当他们看到被啄羽而秃毛、流血的同类时，他们并不会展现同情或帮助。相反的，这会激起他们物竞天择的兽性，进一步残害较弱势的鸡只。啄羽所造成的压力，也会增加鸡只的疾病易感性和疾病传播。

自然平喙法

以往有些蛋鸡企业会以断喙的方式来解决啄癖，但家禽的喙神经密布，这种做法会让母鸡感到痛苦，造成永久的身心压力，以至于增加致病的机会，影响企业的获利能力。当今的动物学家、兽医、力行企业社会责任的品牌以及重视可持续发展的消费者，都不会同意采用这个方法。与此同时，欧洲也有越来越多国家，已经明令禁止断喙，而欧盟标准一向是世界其他国家的指标。

当代禽业已经发展出自然平喙法（Natural Beak Smoothing），让小鸡在健康无痛的情况下，渐进式的让喙部变得圆滑。这项方案在饲料盘的底部采用粗糙的金属质地，在小鸡进食时，喙部与粗糙的底部相互摩擦，自然而然地形成了光滑的喙部，并减缓其生长的速度。

研究显示，从产品投入的第一天开始，喙部的生长速度便得到了控制，经过14周之后，喙部就能呈现平滑的形状。小鸡出现焦虑和感染的概率更低，健康情况更加一致，因此能将死亡率降低2%。同时，由于小鸡的喙部变得圆滑，能够完整摄入饲料，减少了浪费（https://www.roxell.com/natural-beak-smoothing）。

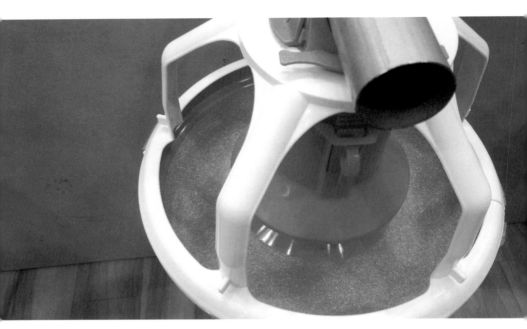

饲料盘底部的粗糙金属表面，具有磨喙的作用，可以使喙部呈现圆滑的形状
（图片由大荷兰人授权使用）

　　如此看来，使用自然平喙的方法，并不会显著增加成本，更可能由于去除断喙成本而提高运营效率及获利。目前已有荷兰、比利时、中国、印度等国家的农场采用这类的喙部处理方案。

啄羽原因与相应解决方案

　　喙处理仅仅是预防啄羽的解决方案，只有了解啄羽行为的由来、对症下药，才是根本的解决之道。让我们一起来了解一下，造成啄羽的几个原因和各种相应的解决方法。

啄羽原因：饲养密度过高，鸡只的天性无法得到展现

解决方法：给予足够的饮食和营养干预、鼓励探索鸡舍空间

鸟类都需要空间来表达他们的自然行为，并躲避天敌。在高密度的饲养环境中，鸡只为了确保自己在鸡群中的地位，尤其要为饲料和饮水彼此竞争，若管理不当，就会容易产生相啄的情况。欧福蛋业副总裁韩太鑫表示，虽然非笼养农场的鸡只密度比笼养农场低，但仍需妥善应对并了解同类相啄的情况，避免产蛋量的损失。

商业化的非笼养蛋鸡农场，避免不了高密度的饲养，但可以通过提供足够的饲料和饮水，让鸡只感到安心，降低鸡只的竞争程度。若必须运送鸡只，也应减少缺水缺粮的空窗期。

在鼓励鸡只探索鸡舍空间方面，可以通过垫料的广泛铺垫，让母鸡尽早习惯在鸡舍空间及系统里漫游。这样不仅能让空间利用率极大化，也能通过鸡群的平均分布，降低鸡只密度。

一个吸引母鸡探索的鸡舍，需要具备几项条件：

- 鸡舍是封闭而稳定的空间，不会受到天气等外界因素的影响，让母鸡能自信地探索，不会因为受到惊吓而伤害自己或同伴
- 在育雏时期就让母鸡熟悉系统的环境，缩短过渡期
- 鸡只可以轻松地了解鸡舍的环境分布，到达眼界所及的地方
- 能够不费力地在鸡舍里找到觅食、沙浴、栖息和躲避的位置。一个位于高处的栖架，尤其可以给与弱势鸡只躲避敌人的空间，同时可以有效减少扎堆行为

高位的栖架能有效避免扎堆的情况（图片由快乐的蛋授权使用）

当母鸡能自信地在更多空间中漫游，就会显得更为平静。

啄羽原因：营养摄入不均衡
解决方法：在饲料中适度添加氨基酸、盐分、蛋白质等

研究显示，鸡只啄食同类的另一个原因是体内缺乏甲硫氨酸。对鸡来说，甲硫氨酸是必需的氨基酸，但身体不能合成，需要通过食物来摄取。而在鸟类的羽毛中含有甲硫氨酸的组成成分——硫。因此，缺乏硫的鸡只就会啄食其他同类的羽毛。

此外，鸡只如果缺乏盐分，她们的舐腺的分泌物就不够咸、没有味道，于是会啄别的鸡的舐腺来补充盐分。已经有啄羽行为的鸡群，可在日粮中添加少量（约 1.5% ～ 2%）食盐，连续 3 到 4 天即可，长期饲喂会导致食盐中毒。

除了氨基酸和盐外，还可以在饲料中添加足够的蛋白质（需特别注意氨基酸的平衡）、钙、磷、维生素 B_2、维生素 B_6 和维生素 B_{12}。

啄羽原因：饲料更换频繁
解决方法：稳定的饲料成分和分量供给

研究发现，若在母鸡产蛋期间，农场对她们的饮食进行超过三种的变更，或者换成母鸡不喜欢的口味，则有可能增加啄羽的风险。

因此，饮食变化应尽量减少，尤其尽量避免鸡只的饲料成分突然从高蛋白转为低蛋白。若必须更换，最好能通过渐进式的混粮，达成调整成分的目的。另外，在饮食改变期间，可以提供鸡只啄食相关的玩具设备，比如干草捆、悬挂的圆盘等，转移她们的注意力。

另一个转移注意力的方法，则是将饲料捣碎，取代原本颗粒的形式，借此减少啄羽行为。

啄羽原因：鸡群生长不均匀
解决方法：确保鸡群生长一致、避免混群

上面提到鸡只的健康情况会造成社会地位的落差。尤其在 0 ～ 20 周龄，是骨骼和体重快速生长的时期。在这个时期，管理人员必须确保每只鸡摄入的营养是均衡的，定期称重，避免造成个别鸡只体型过大或过瘦。统计显示，鸡只19周之前开始产蛋，会增加啄羽的风险，而在20周之前会增加啄肛的风险。

基于同样理由，企业应避免混入不同鸡群的鸡只，确保每个鸡群的各项条件一致，都能"团进团出"。

啄羽原因：母鸡的天性得不到充分发挥
解决方法：创造优质的环境条件鼓励觅食与探索

母鸡是天性好奇的动物，需要四处觅食、探索环境。这类天性无法被满足时，就容易出现负面行为，例如啄羽就被认为是重新定向的行为。因此，鼓励觅食、探索行为和防止啄羽可说是息息相关。

即使已经给了母鸡们完整的饲料与营养，她们仍需要展现觅食的天性。一只无法使用或进入垫料的母鸡，会产生沮丧的情绪，需要寻找觅食的替代行为，进而产生啄羽现象。相反的，鸡舍内铺设干净、松软的垫料，是鼓励母鸡觅食的好方法，使得她们的压力得以舒缓。

垫料上更可添加苜蓿块、玉米、胡萝卜、稻草和干草，甚至磨碎的饲料，这对母鸡很有吸引力，能刺激她们到处觅食。这些添加物也促使母鸡多摄取膳食纤维，对改善羽毛状态也很有帮助。

在环境中适时为母鸡添加一些新鲜的小玩具，可以满足她们的好奇心及刺激探索的天性。推荐的添加物包含小的干草堆、可以悬挂一些闪亮亮的或流苏形态的物件，例如光盘（需留意破碎光盘上锋利的边缘）或碎纸球。

觅食和探索行为得到充分发挥的母鸡，啄羽的概率会大大减少。

啄羽原因：环境条件和压力源导致啄羽
解决方法：各项环境指标保持稳定

除了健康情况之外，鸡只的负面情绪，通常也与啄羽有关。鸡只在声音、光线、温度、气流、空气质量发生突然变化的时候，会感到恐惧或紧张，产生应激行为。为了避免这个问题，管理人员应尽量让鸡舍整体环境维持稳定，创造一个让鸡只感到安全的环境，使她们不感觉害怕，从而减少啄羽的行为。

- 避免强音、噪音
- 避免漏光或强光
- 鸡舍温度保持稳定
- 鸡舍必须是密闭空间，避免外界突然有气流进入
- 维持良好空气质量

以上环境控制方法，可以参考本文相关的章节。

陌生人也是环境中的压力源。上述提到，鸡只具有辨识人脸孔的能力，能记住人。因此，管理人员若能定期且经常性地在鸡舍里走动，与鸡只互动，可以降低她们的压力水平。若不能避免更换管理人员，则尽量采取渐进式的，逐步替代前管理人员，也应尽量避免在鸡只晚间睡觉前，有陌生人进入鸡舍。

均匀、亮度适宜的光照是有效避免啄羽行为的方法之一（图片由快乐的蛋授权使用）

啄羽原因：光线太亮导致攻击行为

解决方法：调整照明强度

除了避免光照不均，或突如其来的强光所导致的应激之外，已经有啄羽行为的鸡群，若能将室内光线调暗，也有助于减少啄羽行为。

扎堆

鸡只在呼吸时，主要是通过肋骨带动肺部收缩来完成。这是因为鸡的肺跟人类不同，不能自主工作，而需要依靠与它紧贴在一起的肋骨的帮助。

这个生物特性，导致鸡只与同伴之间必须保持适当空间；太过拥挤，也就是所谓的扎堆现象，有时候只有几十秒钟，有时候可以超过半小时，这会导致鸡的肋骨被挤压而无法扩张，从而窒息死亡。

扎堆与上述的啄羽行为，发生的原因大致相似，很多都是由于环境变化所导致的应激行为：

- **取暖：** 温度过低，鸡只为了取暖而扎堆
- **好奇心：** 鸡只喜欢聚集在让她们感到兴奋的物件或地方
- **恐惧：** 突如其来的噪音、光线、贼风
- **防御：** 环境导致不安全感

当扎堆现象发生时，管理员需要记录发生的位置，以便从根本解决问题。除了维持环境稳定之外，应对扎堆行为，有以下几个可行的解决方案，农场可以视本身情况搭配使用。

- **干燥的垫料：** 除了在冬季保持鸡舍温暖外，尤其是地面平养的农场，需要注意垫料的质量，必要时定期更换。因为鸡只若需要取暖，就会寻找干燥而温暖的地方，而其他同伴的羽毛更干燥舒适，如此便产生了踩踏的现象。健康情况较弱的鸡只，就会被压到底下。有干燥的垫料，可以有效减少这类现象
- **高位的栖架：** 鸡群晚上都上了栖息架以后，就不会出现踩踏情况；即便需要相互挨着取暖，高处的空间也足够大、空气够充足；同时，一些身体不适的鸡只，通常不愿意上栖息架，这样管理员可以很快发现她们，并进行隔离观察
- **分群管理：** 把体质较弱的鸡只挑出来，单独饲喂管理。生病的鸡只对温度等环境条件更加敏感，也更容易被同伴踩踏，更可能传染疾病

- **播放音乐：** 可以在鸡舍里播放舒缓的音乐，避免鸡只因为突如其来对噪音而过于好奇或恐惧
- **育雏的重要性：** 如果鸡只在育雏时期，就让她们接触环境中的各种物件与声音，习惯之后也就不会有好奇或恐惧的行为

地面蛋

除了上述的负面行为，对蛋鸡企业来说，减少地面蛋（或窝外蛋、系统蛋）的概率，是提升生产效率、节省成本重要的一环。在绝大多数的情况下，鸡只都能通过早期的训练，养成适应系统及产蛋箱的习惯。在此我们根据企业以往的经验及设备供应商的建议，整理了以下的建议，供农场管理员参考。

首先必须让母鸡养成进入系统的习惯

鸡只的习惯可塑性是非常高的。畜牧设备公司大荷兰人建议，最好在每天黄昏后进行训练。延续育雏时期的训练方法，在进入产蛋系统的前几周，管理员可以在日落时将外部通道的灯光先行调暗，促使鸡只回到系统中。之后再将较低层架的灯光调暗，刺激她们往上移动到仍有些许光线的上层区域，最后关掉所有灯光。

灯完全熄灭后，建议管理人员在鸡舍内巡视一周，将还待在地面的鸡只移入系统。几次下来，随着灯光变暗，鸡只将会自动进入系统休息。天亮时，将灯光逐渐开启，刺激母鸡开始活跃，并往下移动到筑巢处。

在进入产蛋系统初期，管理员视察鸡舍时，可以在垫料区缓步走动几

次，这个动作也能驱使鸡只返回系统，同时能降低她们的压力。当然，要先确保层架的高度适中，若是过高，鸡只就不愿意从地面跳到系统里，遑论进入产蛋区了。

产蛋区必须对鸡只有吸引力

鸟类喜欢在安静、黑暗、隐蔽、舒适的地方产蛋。母鸡在一个地方产蛋后，这里就成了她的专属产蛋地盘。因此，创造一个极具吸引力的产蛋区，同时让区外的环境完全不适合产蛋，是避免母鸡在地面或系统间产蛋的最佳策略。

至少在母鸡产蛋前一周，或更早的时间打开产蛋箱子，给母鸡足够的时间来探索、试用，从而感到舒适。到了产蛋高峰期，必须确保系统内配备了足够的产蛋箱。

母鸡喜欢在隐蔽、幽暗的地方产蛋。产蛋区的设计若能符合母鸡的天性，就能避免地面蛋的发生（图片由欧福蛋业授权使用）

在鸡群进入30周之前，有地面蛋或系统蛋是正常的，也是可修正的。管理员在看到地面蛋或系统蛋时，最好立刻把蛋捡起，不要被其他母鸡看到，因为这会吸引她们复制这类行为。

产蛋期间减少干扰因素

母鸡下蛋期间，要尽量减少打扰她们的因素，比如输送带。一开始的时候，输送带的振动和声音可能会使得母鸡因惊吓而离开产蛋箱。管理员可以用渐进式的，逐步加大集蛋的频率和速度，让母鸡慢慢适应。同时，要定期清洁输送带以消除其中的气味或残渣，避免刺激母鸡。

产蛋期间也不宜启动饲料带。喂食应该一早就要进行，在母鸡产蛋高峰期的四个小时中，必须保持安静，直到峰期过后再进行第二次喂食。同时，饲料带和饮水器也不应该成为母鸡和产蛋区之间的障碍。

太厚的垫料也是对母鸡产下地面蛋的邀请。大荷兰人建议，垫料尽量保持在2英寸（约5厘米）左右。一旦超过这个厚度，母鸡会觉得过度舒适而在上面产蛋。

顺应鸡只天性、关注她们的健康状况，鸡只就会回报以高质高量的产蛋效率。

育雏对非笼养蛋鸡养殖的重要性

如同盖高楼一般，地基打得越稳，房子就越能经得起考验。在蛋鸡的生产周期中，育雏的环节就像房子的地基，是未来鸡只能否健康平安地成长，同时具备高生产力的基础。

在传统笼养的环境中，育雏也是在笼子里进行。因此，鸡舍管理人员的关注点多数聚焦于环境控制、提供小母鸡一个适宜生长的居所，包含鸡舍中的湿度、温度、通风、照明、清洁消毒；还有雏鸡的疾病控制、免疫、料水添加的频率等。这些管理行为，多数能够借由机械和智能设备完成。

转型到非笼养殖的环境之后，育雏的工作除了上述的设备条件、环境条件和笼养时相似之外，相较于笼养的最大差异，应属鸡只在行为方面的训练，让鸡只在育雏时期即适应进入产蛋系统后的生活。

在前一个章节，我们探讨了母鸡的天性和行为。要减少疾病、负面行为等管理成本，很大部分取决于母鸡是否在育雏时期受到适当的环境训练，使她们能够无缝接轨地进入产蛋系统生活。在这个章节，我们探讨有哪些育雏技巧帮助母鸡更健康，从而节省成本、提高生产效率。

雏鸡在多层育雏系统里探索环境（图片由大荷兰人授权使用）

育雏系统必须和产蛋系统相匹配

鸡是可塑性很高的生物，受到训练后很容易养成习惯；不过，养成习惯之后就不容易修正了。因此，在母鸡的生命周期中保持育雏和产蛋系统的一致性，在非笼养殖中尤其关键，不论是平养或多层非笼养。

根据许多蛋鸡企业的经验，用传统笼养系统饲养小母鸡，然后再将她们放入非笼养系统中产蛋，会给企业带来很大的麻烦，因为突然转换系统会令母鸡产生各种的适应不良，包含：

- 对环境感到陌生，找不到饲料和饮水而营养不良
- 不知道如何在系统中移动
- 感到焦虑、压力大，因此容易生病
- 产蛋期延迟，同时容易造成地面蛋
- 鸡只都在地面、垫料或系统底层活动，如此一来，粪便不能掉到粪带，容易有氨气产生

一个设计良好的育雏系统，可以通过各种工具，让小鸡在育雏时期，就学会在系统里平衡、移动、栖息、觅食、做沙浴等。

鸡拥有学习和复制的能力。在与产蛋系统相同的育雏系统中生活了十几周，加以适当的训练，便能在进入产蛋系统后2～3天内适应新的环境。

鼓励鸡只往系统内移动 ———————————————

　　快乐的蛋创始人王炜晟说，"母鸡跟人类一样，所有的行为最好从娃娃抓起。"在训练的前几周，是养成好习惯、修正行为的关键期。管理员可以随着小鸡的成长，逐步将饲料和饮水系统往上提升，鼓励她们向上方移动并学会利用栖架来栖息。

　　母鸡养成在系统里活动的习惯，其中的好处之一，就是可以大大减少地面蛋的概率。

在育雏时期训练可减少应激行为 ———————————————

　　鸡是鸟类中对环境最敏感的动物之一。鸡舍内的风吹草动，包括突如其来的声音、气流、光照、陌生面孔等，都可能会引发应激和负面行为，最常见的就是相互啄羽，造成鸡群伤亡。

　　因此，育雏时期扮演的角色，就是让小鸡尽量习惯环境中的各种景象和声音，降低外界刺激引发的恐慌。例如，有些企业会在鸡舍内放轻音乐，让她们习惯声音的存在，减少鸡只对噪音的应激反应。

　　育雏鸡舍内照明的时间，最好也可以和产蛋系统内的时间一致或相似。这样可以确保母鸡到了新家之后没有"时差"，可以维持一样的生物钟。

当训练有素的小母鸡来到产蛋鸡舍时，管理起来会更容易，生产效率也更高。

注意雏鸡生长的均匀度

在笼养的环境中，鸡只的饲料、饮水摄取量都是可控的。相反的，在鸡只能自由移动的非笼养环境中，饲料和饮水可能需要通过某种程度的竞争才能得到。尤其在 0～20 周龄，是雏鸡的骨骼和体重快速生长的时期，管理人员在此时必须尽量确保每只鸡摄入的营养是均衡的，通过观察、定期称重，避免个别鸡只体型过大或过瘦。从幼雏期开始让鸡群保持均匀的生长，可有效减少上一章提到的啄序现象及相关负面行为。

渐进式的扩大鸡群移动范围

为了避免鸡群的进食量不均，在多层非笼养或平养的育雏环境，建议前 3～6 周可以把小鸡小范围的饲养起来，不要让她们在整个鸡舍到处走动，因为她们会迷路，要花很长时间才找到饲料和饮水所在。管理员可以等到 6 周之后，再逐步把小鸡的活动范围扩大。当然，这种做法也有助于疫苗的施打。根据经验，这样的做法可以增强小鸡的体质、体重，对鸡群的均匀度很有帮助，同时也能提高成活率。

分群饲养

小鸡在育雏期间，若有生长速度或大小的显著差异，一定要根据体格和

室内多层育雏系统（图片由大荷兰人授权使用）

体质的不同分群饲养且坚持进行；每个小群内的鸡只保持均匀，才不会有弱肉强食或啄序的情况发生，也能为不同的群提供个别照顾。

进入产蛋系统

在适当的年龄将雏鸡移入产蛋系统，对于鸡只健康和生产效率来说非常重要。一般而言，母鸡的产蛋周期大约从 18 周开始。欧福蛋业副总裁韩太鑫建议，可以在 16 周左右将鸡只移入产蛋系统，让母鸡有足够的时间恢复她们因为搬家的过渡期而减轻的体重，同时适应新环境，减少地面蛋的发生。

　　当小鸡在育雏时得到适当的训练，进入产蛋系统的过程通常都是很顺利的。而即使如此，管理员最好能通过观察，适度地改变环境，例如调整照明、喂食器和饮水的位置等；必要时可以用"示范"的方法，帮助鸡只尽快适应新生活。鸡是学习速度很快的生物，管理员只要抱起其中几只，把她们的嘴放在饮水器或饲料带上，她们很快就能学会，同时其他的鸡只也会复制这个行为。

　　企业在前期对于育雏系统所投入的资金，通过上述的科学管理和操作，一定可以在生产效率上得到回报。

非笼养鸡舍的光照控制

与人类一样，鸡的生活也围绕着昼夜循环的规律。和人类不同的是，鸡对光更为敏感，其受光系统与人类是有区别的：光不仅可以穿过鸡的眼睛，还能穿过头骨顶部、松果体和脑垂体。脑垂体会促使下丘脑分泌更多的促性腺激素来刺激雌激素分泌，而雌激素可以促进生殖器官的发育与生殖细胞的形成。因此，光照的时间长短，会导致不同的产蛋效率。

在传统笼养系统中，企业一般依照鸡种养殖手册上的操作，来制定光照的周期，如此可以影响母鸡排卵和产蛋的时间，同时兼具增强免疫力、提高采食量和体重均匀度等功能。而在室内非笼养系统中，制定光照程序的目的除了上述功能之外，还有一个重要的目的，那就是减少鸡只的负面行为、鼓励发挥天性，借此降低管理成本。

利用光线明暗控制提高管理效率

快乐的蛋创始人王炜晟说，在多层非笼养系统中，光照是一项能刺激母鸡天性、养成好习惯的工具，管理得当能够有效地减少运营成本。整体而言，鸡舍的光照最好尽可能地均匀，部分区域因为具有功能性，必须保持相对的明亮或昏暗。而部分照明因为训练的目的，有先后顺序的差异。

鼓励母鸡使用系统

要使母鸡进入系统中活动，并没有想象中困难，只要顺应其天性即可。畜牧设备公司大荷兰人对此建议，每天的早晨和傍晚，是很适合进行行为训练的时间。

当一天要结束时，顺着鸟类向光的特性，管理员可以将系统中间廊道的灯光先行关闭，最好是逐渐调暗而非让鸡只突然感到漆黑。此举可以让母鸡离开垫料和地面，往依然有光线的系统内移动。然后，管理员再将系统中较低层架的灯光调暗，刺激母鸡继续往上移动，在系统高处过夜，最后再将所有灯光熄灭。

当灯光完全熄灭后，建议管理人员在鸡舍内巡视一周，将还待在地面的鸡只移入系统。几次下来，随着灯光陆续变暗，鸡只将会自动进入系统休息。到了天亮时，将灯光逐渐开启，刺激母鸡开始活跃，并往下移动到筑巢处。如此便能通过规律的光照循环，为母鸡建立起白天与黑夜的生物钟。

管理员也可以利用照明的强弱，引导母鸡到特定的空间活动。例如，饲料和水线区域的光线可以亮一些，吸引母鸡到这里进食，同时她们的粪便也能自然地落到底下的粪带。其他如抓挠、沙浴等活动区域，也应该比筑巢的地方更明亮。若要鼓励母鸡使用栖架，也能通过将系统上方灯光打亮的方法，让她们自然而然地往上移动，并学会在此栖息。

避免地面蛋或窝外蛋

前面提到鸡只具有向光性，喜欢在光亮处活动。然而，当母鸡需要筑巢产蛋时，为了保证产蛋时的安全与舒适，她们除了倾向寻找一个静谧、隐蔽、干燥、温暖的地方之外，另一个要求就是光线不能太强，让母鸡可以安心地趴在里面。因此，最好能在产蛋期开始之前，将产蛋区的灯光调整到相对昏暗的程度。依循同样的理论，系统下方的灯光最好保持相对明亮，以避免母鸡在垫料或地面上产蛋。

管理员可以在特定区域放置测光仪，这样一来就可以通过数字知道母鸡在什么样的照明条件下是最舒服的状态。

非笼养育雏时期的光照设定

育雏时期的光照程序尤为重要，因为这影响着雏鸡的营养摄取以及生物钟的培养，关系着日后是否能顺利进入产蛋系统。荷兰乌得勒支大学（Utrecht University）曾经做过有关非笼养鸡舍的运营研究，他们建议在雏鸡出生后的第一周，管理员应为她们提供间歇性的明暗循环——4小时光照搭配2小时的黑暗，以刺激进食及休息，有利于她们健康成长。从第二周起，日照时间应开始逐步递减，目标是在7周龄前减少至10小时，此后便保持同样的周期，进入产蛋系统。

根据鸡种的不同，育雏的光照设计也会有所微调，企业可以根据养殖手册来制定。但需强调的是，育雏时期和产蛋时期的系统必须一致，才是顺利过渡的关键。

上述为了鼓励母鸡进入系统而使用的明暗手法，最好能在育雏时期就让雏鸡开始熟悉。乌得勒支大学建议，多层非笼养系统中，天亮时可以用10分钟的时间，逐步开启鸡舍的灯光；到了傍晚，则需要15 ～ 30分钟将灯光完全熄灭。避免将灯光瞬间打亮或熄灭，否则容易导致鸡只的应激行为。

　　山西平遥伟海生态农业李中伟总经理说，笼养的鸡只被限制了活动，因此即便因为照明而产生的应激行为，也不会造成鸡群的问题。在非笼养的空间里，照明的开关必须逐步来，不能急，以保证鸡只能适应。

　　在非笼养系统中，照明所扮演的角色很大部分是鼓励母鸡发挥天性、养成习惯，在能展现其自然行为的环境中健康、安全的生活，从而高效地产蛋。

关注非笼养蛋鸡肠道健康

　　肠道是鸡只重要的器官，兼具消化与免疫的功能。与哺乳动物相比，鸡的口腔内没有牙齿、不会分泌唾液；腺胃分泌的胃液有限，肌胃的功能也仅止于磨碎食物，这意味着，鸡的口腔和胃几乎没有吸收营养的功能。因此，鸡必须仰赖肠道来吸收营养。研究指出，鸡的消化活动有80%是在肠道中完成，而有90%以上的营养都是通过肠道完成吸收。

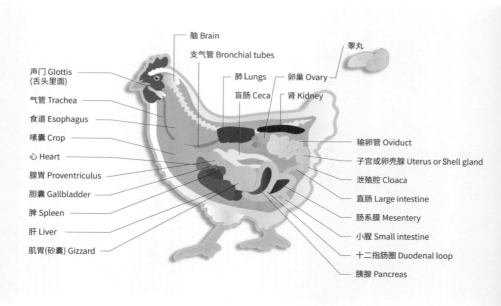

脑 Brain

支气管 Bronchial tubes

睾丸

声门 Glottis
(舌头里面)

肺 Lungs

卵巢 Ovary

盲肠 Ceca

肾 Kidney

气管 Trachea

食道 Esophagus

嗉囊 Crop

心 Heart

腺胃 Proventriculus

胆囊 Gallbladder

脾 Spleen

肝 Liver

肌胃(砂囊) Gizzard

输卵管 Oviduct

子宫或卵壳腺 Uterus or Shell gland

泄殖腔 Cloaca

直肠 Large intestine

肠系膜 Mesentery

小腥 Small intestine

十二指肠圈 Duodenal loop

胰腺 Pancreas

鸡只解剖图

肠道同时也是重要的免疫器官。鸡有60%到70%的免疫细胞都存在于肠道之内。肠道黏膜和皮肤、呼吸道黏膜，三者共同组成为鸡只防御外界微生物与灰尘的护城河。此外，鸡体内80%以上的代谢物是通过肠道排出体外的。

随着越来越多的企业向非笼养殖转型，自由行走的母鸡将会增加与环境中更多物质的接触，包含粪便。因此，建立一个常规的肠道健康检测、维持系统，是非笼养蛋鸡企业提升生产效率的关键之一。所谓养鸡必须从"肠"计议，我们就一起来了解，导致鸡只肠道疾病的原因有哪些，又该如何防控？

肠道疾病影响生产效率

肠道承担着鸡身体中多项重要的功能，因此一旦出了问题，虽然其临床症状不一定会立刻显现，但长时间下来，鸡只的健康、生命活动包括产蛋，都会受到不同程度的影响，其中主要包括：

- 肠道问题会导致雏鸡、青年鸡的发育缓慢，使得体重不达标等
- 肠道受损会直接影响母鸡的消化和营养的吸收，进而导致进食量增加，最终降低饲料转化率
- 导致虚弱、体重减轻、掉毛，进而引发鸡群啄羽等攻击行为
- 肠道屏障受到破坏，免疫力下降，致病原乘虚而入，通过血液进入其他器官
- 疫苗抗体量迅速减少，各种疾病不易治愈
- 产蛋率下降、开产延迟或停滞

导致肠道疾病的原因

鸡只肠胃道问题通常是很多因素造成的，调查过程也不是一蹴可及，但只要能找出问题的根源，就能为企业省下大笔的费用。

饲料与饮水质量不佳

蛋鸡对饮水的质量非常讲究，所以饮水有问题会直接影响肠道健康。企业需要注意以下几个饮水质量的问题：

- 水中的氟、铅、镁含量过高会造成肠道损伤
- 钠、钾及氯化物超标，会使得鸡的饮水量大增，肠道黏膜遭到破坏而脱离
- 其他会引发肠道疾病的细菌还包括沙门氏菌、大肠杆菌、霉菌等
- 供水设备不干净，形成溶菌膜，会在水中释放毒素和病菌

饲料原料如果没有经过适当的处理，会含有一些有害物质，如致病菌、毒素等，危害肠道健康：

- 玉米、麸制品若储存不当，会产生霉菌毒素，破坏肠道黏膜的完整，也有很大概率诱发坏死性肠炎的致病菌、大肠杆菌等有害细菌
- 杂粮中棉酚等毒素以及抗营养因子，如果不经过处理就喂给母鸡，会引发肠道问题
- 动物性原料如肉骨粉、鱼粉、血粉等，可能含有毒素和致病菌
- 石粉中的重金属物质过高，如过早添加到初产蛋鸡饲料中，会导致

顽固性腹泻

- 鸡只长期缺乏维生素 A，肠道黏膜容易被破坏
- 饲料中营养不合理，例如长期让母鸡摄入过多高蛋白的粮食，会增加肠道负担进而生病

鸡舍卫生条件欠佳

球虫、蛔虫、绦虫等鸡只容易感染的寄生虫，喜欢生长在温湿度过高的环境下。如果鸡舍环境不能得到良好的控制，给了这些寄生虫适宜的生长空间，她们会破坏鸡只的肠道黏膜，同时诱发坏死性肠炎。

非笼养鸡舍环境管理可以参考我们在其他章节中提及的温度、湿度、空气质量等条件控制。

鸡只肠道健康检验

观察鸡只肠道是否健康，可以根据上述几个可能危害肠道的情境，对鸡群特别收集并记录这些相关的指标，包括体重、进食量、饮水量、饲料转化率。如果其中一个指标突然降低，就有可能是肠道出了问题。

此外，鸡舍管理员可以和兽医或营养师一起评估母鸡的骨骼成分、肌肉、脂肪等身体情况，确定是否符合该年龄段的指标。

观察粪便

当然，不论是笼养还是非笼养的鸡舍，以粪便来评估健康情况，是企业的基础工作。尤其在非笼养环境中，管理员可以通过几项工具，观察自由移

动的母鸡的健康情况。

如果管理员想观察较新鲜的粪便，可以在喂食之前，将纸板等平整材料放在目标鸡群的下方，用30到45分钟的时间收集粪便。相较于检查垫料、刮板粪带，这样的做法能更及时地了解粪便中的水分含量，并观察质地、未消化的饲料、异常的颜色（肠道腐烂的母鸡粪便带有橙红色的物质）等。

尸检

若鸡只不幸死亡，企业可以根据自身的情况，拟定检验措施。

在检查肠道时，最好能从嗉囊打开进入胃肠道，以便能观察每个胃肠道内膜的质量，同时须注意任何明显的病变；最好能寻找肉眼可见的坏死性肠炎的痕迹，同时评估鸡只身体的成分变化。值得注意的包含以下几个部分：

- 薄壁肠胃道
- 胖胝内容物
- 胃肠道食糜、内容物、未消化的饲料（可能被水样黏液包裹住）
- 肠道中是否有橙红色的黏液
- 泄殖腔附近的肠道是否有绦虫、蛔虫等寄生虫

诊断肠道问题时，可以使用以下几种方法与指标：

- 肠胃刮屑等病理检查
- 病毒诊断
- 菌群数评估

- 球虫及其他寄生虫卵囊数评估
- 辅助检查，如饲料的成分与质量、水质、营养分配变化等

检验因为其他疾病而死亡的鸡只，也是评估肠道问题的方法。因为鸡只死后，胃肠道会迅速降解，而这样的变化可能会让检验人员误以为是胃肠道的问题，产生错误的诊断。

鸡只肠道健康干预方法

如上所述，鸡舍最好能定期、随机检查鸡只，注意其身体内外的变化。如此可以及时阻止疾病的发生与传播。同时，也可以使用以下的干预方法：

- 由不同的微生物菌群构成的肠道微环境，是保证肠道功能健全的关键因素。肠胃道的pH小于7时，是适合肠道菌群正常活动的环境，同时能在竞争与抑制的循环中，保护上皮细胞免于外界病菌的侵扰。将饮用水适当的酸化，可以帮助鸡只的肠胃处于活性状态
- 肠胃菌群指数异常时，可以添加益生菌、精油、植物性产品，让菌群恢复；适量食用微生态制剂，也能维持菌群的稳定
- 当今法规严格规范企业对于抗生素的使用。因此，如迫不得已需使用抗生素，必须在考虑法规的同时，确保该抗生素不会对肠胃的菌群造成负面影响
- 若鸡群经常发生病毒性肠炎，则可以从临床的案例中提取病毒样本，用来制造自体疫苗。这个过程中当然还是要考虑法规以及成本。若成本较高，可以寻找合作伙伴一起研发并使用疫苗
- 平衡饲料配方以预防肠道问题：最好能注意饲料的配比，避免过多的谷物、淀粉——这些会延缓消化与排便，供给病菌更多繁殖的时

间。一些优质的原料，如豆粕和玉米，有助于维持肠道的活性与健康。如有必要，可以在饲料中适量添加霉菌毒素吸附剂，这些添加剂可以与毒素结合，避免母鸡摄入饲料中的有毒物质，对肠道造成损害

重视非笼养系统育雏，减少应激行为

鸡只的消化器官多数在她们生长的早期就会发育，因此必须特别注意此时消化系统的情况。若是因肠道感染而停止发育，会影响鸡只的整体生长速度。

因此，育雏时期需加强肠道的保健。给予高质量的饮食、避免长时间的空食和空水；同时让鸡只充分表达天性，尤其是觅食的天性，这样有助于消化系统发育。

嗉囊的饱满度是评估小雏鸡肠胃健康的重要指标。入舍后的24小时内，绝大多数的雏鸡都已经拥有尺寸约10毫米的嗉囊。如果此时发现雏鸡的嗉囊空虚，则需尽快调整饮食及管理方法。

过度拥挤、环境改变、噪音、贼风等造成的应激行为，也会导致肠道环境改变。因此最好能在育雏时期，让小鸡适应各种未来可能会发生的情况，减少她们的应激反应。

加强生物安全管理

肠道病毒如细小病毒、冠状病毒、轮状病毒，只要在存有鸡只排泄物的

环境，就能呈现稳定状态，也拥有对消毒剂的抵抗能力。因此，为了有效降低鸡舍内的病原微生物，企业必须彻底地清洁和消毒环境，以便排除病毒的舒适条件。

饮水系统清洁

除了整体环境条件的控制，经常性的清洁水箱、水线等饮水系统，也是管理员应特别注意的工作。污染的饮水系统是病菌滋生的温床，也会造成水中矿物质和微生物超标，这些物质还会与水中的维生素结合生成水垢、生物膜等不可溶的物质，鸡只饮用被二次污染的水之后，会引起肠道菌群失调、腹泻。

球虫病控制

影响家禽肠道健康和生长效率的疾病之中，球虫病一直是其中最普遍的一种，但很多养殖场往往低估球虫病的亚临床感染，对鸡只肠道壁的损伤会非常大。清洗、消毒和生物安全措施并不能完全有效预防球虫病，但在减轻球虫早期感染方面是重要的，所以要根据具体情况（特别是开产前）添加些抗球虫药物进行预防，以防止球虫病亚临床感染。

在非笼养环境中，企业需要从环境、饮食、生物安全多个方面来关注并维持鸡只的肠道健康。上面提及的这些看似复杂的工作，其实拥有相当高的回报率，因为鸡只的免疫力是生产效率的基础，而肠道健康主宰着抵御病菌的能力。值得一提的是，相较于笼养，非笼养的环境较不容易受到沙门氏菌的污染。

肠道微生物与沙门氏菌研究案例

爱荷华州立大学动物科学系的Dawn Koltes博士比较了笼养与非笼养两

种环境中鸡只肠道内微生物与疾病的关系。在非笼养环境生长的蛋鸡，拥有较高的大肠梭菌和鹅肠杆菌，这两者和肠道疾病相关。然而，有益于强化关节的假丝酵母菌和嗜酸乳杆菌也较高。

此外，与某些肠道疾病有关的乳杆菌在非笼养蛋鸡中也较高。虽然尚需科学证明这种细菌与疾病有关，但最近它已被确定为肠炎沙门氏菌和鼠伤寒沙门氏菌的竞争性抑制剂。

欧洲食品安全局（European Food Safety Authority）曾经针对沙门氏菌进行了有史以来规模最大的研究，分析了来自24个国家、5000个农场的数据之后发现，非笼养的农场被某些沙门氏菌污染的机会大大低于笼养农场，差距最多可达25倍。

标准与认证

中国与欧盟、美国、澳大利亚一样，对于非笼养鸡蛋的鉴别，受到真实标记（Truth in Labelling）法律的监管。也就是说，食品包装上的描述性标签必须真实，且不能误导消费者。公司若要在包装贴上非笼养的标签，则其鸡蛋的生产方式，必须符合公众对"非笼养"含义的理解：鸡蛋是由没有被关在笼子中的鸡所生产的。

在食品安全国家标准中的《预包装食品标签通则》要求食品标签必须"容易被公众所理解……真实准确，不得以虚假夸大，使消费者误解或欺骗性的文字、图形等方式介绍食品，……应使用不使消费者误解或混淆的常用名称或通俗名称。"

《中华人民共和国食品安全法》规定：食品和食品添加剂的标签、说明书和包装中不得包含虚假或夸大的信息…食品生产商或分销商应对标签、说明书和包装上的声明承担法律责任。

2021年10月，由中国连锁经营协会发布的《非笼养鸡蛋生产评价指南》（T/CCFAGS 025—2021），是中国第一套非笼养鸡蛋的团体标准，为保障国内非笼养鸡蛋的生产、流通、消费，提供了指导依据。

《非笼养鸡蛋生产评价指南》由中国连锁经营协会、上海悦孜企业信息咨询有限公司、国家动物健康与食品安全创新联盟、快乐的蛋农业发展

（北京）有限公司、苏州欧福蛋业股份有限公司五个单位共同起草，该指南参考了国际上非笼养鸡蛋的相关标准，并融入中国国情，制定出一套既包含动物福利、更强调食品安全的生产指标，真实评价非笼养鸡蛋从生产、包装、运输、存储到销售的过程。

除此之外，有关非笼养鸡蛋的认证还有由上海悦孜于2021初引进的《人道农场动物关怀》（Human Farm Animal Care）认证标准，并批准SGS作为独立第三方机构进行审核与认证。

来自英国的非营利组织世界农场动物福利协会（Compassion in World Farming）从2014年起与动物福利国际合作委员会（ICCAW）合作，将"农场动物福利奖"引入中国。其中的"金蛋奖"制定了农场蛋鸡福利的各项标准，通过奖项的颁发，鼓励致力于改善鸡只生活环境的企业。消费者也能从包装上"金蛋奖"的标识，辨别鸡蛋是否来自非笼养殖。

这些认证除了可以作为国内非笼养殖的依据，也能为品牌方、采购方及消费者带来更多的保障。

展望

在以往的经验里，中国多项产业的发展都是以后来居上的姿态，超越已开发的国家。我们有充分的理由相信，非笼养鸡蛋也不例外。

欧洲从1999年立法至今近20年的时间，非笼养鸡蛋的占比从10%到超过50%。而美国在2014—2021的7年之间，非笼养鸡蛋的占比从5%增至33%；美国农业部也预计，到了2026年，非笼养鸡蛋的占比将达到64%。在拉丁美洲的巴西，非笼养鸡蛋也预估将从2018年的占比5%，增长到2028年的20%。

中国作为蛋鸡数量第一大国，为了协助国内或跨国企业实现非笼养鸡蛋的承诺，以及国内消费者对于可持续发展、绿色消费的重视，中国前20大的蛋鸡企业至少已经有35%具有非笼养鸡蛋的产能并开始供货。

在这些领头企业的带头助力下，有越来越多的蛋鸡农场也以增建或改建的方式，陆续加入了非笼养殖的行列。这个趋势也让上游跨国禽业设备制造商加速在中国国产化的脚步，从而使得国内非笼养殖供应端的生态系统更加完善，在基础设施、育种、饲养技术等方面，都逐渐符合现代化养殖的水平，迅速地从过去农户后院散养，过渡到科学管理的集约式、规模化、自动化养殖。

虽然到目前为止，非笼养殖的成本高于传统笼养，但以中国领先全球的鸡蛋产量及需求，国内蛋鸡养殖方式很快就会与世界消费趋势逐渐接轨，非笼养殖相关的挑战也能随之克服。同时，由于政府对绿色消费的鼓励，以及消费者对于高质量鸡蛋溢价容忍度的逐渐提高，中国非笼养鸡蛋的发展很有机会比欧洲、美国都来得迅速。

全球范围内的大型蛋鸡企业，正逐步向规模化的非笼养殖转型。这类养殖方式与以往农户后院粗放式的散养截然不同；相反的，它是基于科学管理，在符合中国国情的前提下，将动物健康与蛋白质质量再一次升级。

图片由快乐的蛋授权使用

图书在版编目（CIP）数据

非笼养鸡蛋生产倡议 / 黄牧慈著. —北京：中国
农业出版社，2022.7
ISBN 978-7-109-29237-6

Ⅰ.①非… Ⅱ.①黄… Ⅲ.①卵用鸡 – 饲养管理
Ⅳ.①S831.4

中国版本图书馆CIP数据核字（2022）第043938号

非笼养鸡蛋生产倡议
FEI LONGYANG JIDAN SHENGCHAN CHANGYI

中国农业出版社出版
地址：北京市朝阳区麦子店街18号楼
邮编：100125
责任编辑：司雪飞
版式设计：王　晨　责任校对：吴丽婷
印刷：北京通州皇家印刷厂
版次：2022年7月第1版
印次：2022年7月北京第1次印刷
发行：新华书店北京发行所
开本：880mm × 1230mm　1/32
印张：2.75
字数：100千字
定价：38.00元